Erich Leisch

Können Fische durstig sein?

251 (un)wichtige Fragen der Menschheit

UEBERREUTER

ISBN 978-3-8000-7236-1

Covergestaltung: Christian Thomas, www.concept8.com

Druck: Druckerei Theiss GmbH., A-9431 St. Stefan i. L.
7 6 5 4 3 2 1

Ueberreuter im Internet: www.ueberreuter.at

Vorwort

In den 1970er-Jahren untersuchte der französische Wissenschaftler Georges Anderla, wie sich das Wissen der Menschheit entwickelte. Zu diesem Zweck nahm er die Anzahl an Erfindungen im Jahre 1 und nahm diese Zahl als x an. Dann schaute er, wann sich x verdoppelt hatte, das war nach 1500 Jahren. Um die ursprüngliche Zahl an Erfindungen zu vervierfachen, brauchten die Menschen nur 250 Jahre, für achtmal nur mehr 125. Diesen Zusammenhang nannte Anderla den »Jumping-Jesus-Factor«:

• Christi Geburt	1 Jesus
• 1500	2 Jesus
• 1750	3 Jesus
• 1900	8 Jesus
• 2004	32.788 Jesus

Die ersten Versuche, das Wachstum des Wissens zu quantifizieren, stammen aus den 1950ern. In der UdSSR untersuchte Gennadi Michailovic Dobrov 1971 mithilfe statistischer Analysen die Wissensproduktion. In den USA erschien 1963 die Arbeit von Derek de Solla Price »Little Science – Big Science«. Als Messgröße nutzte de Solla Price die Anzahl der Originalveröffentlichungen in Fachzeitschriften; nach seinen Berechnungen wächst das Wissen seit Mitte des 17. Jahrhunderts mit einer Verdopplungszeit von ungefähr 15 Jahren exponentiell. Aktuellere Schätzungen gehen davon aus, dass sich das Wissen der Welt sogar etwa alle fünf bis zwölf Jahre verdoppelt, wobei sich diese Rate noch beschleunigt. Eine wichtige Rolle spielt dabei die Verbreitungsgeschwindigkeit von Informationen über das Internet und die (elektronischen) Massenmedien.

Die Geschwindigkeit des Wachstums der wissenschaftlichen Information und die Informationsmenge, die gegenwärtig von der Wissenschaft verarbeitet werden muss, sind schwierig zu quantifizieren, lassen sich jedoch an Hand einiger Zahlen einigermaßen verdeutlichen:

- Die Anzahl der gegenwärtig weltweit periodisch erscheinenden wissenschaftlichen Zeitschriften liegt in der Größenordnung von 100.000 bis 200.000. Mitte des 19. Jahrhunderts gab es dagegen lediglich rund 1000 Zeitschriften.
- Die Forschung in Naturwissenschaft und Technik produziert zur Zeit insgesamt

jährlich rund 4 Millionen Fachveröffentlichungen, d. h. 20.000 Veröffentlichungen pro Arbeitstag. Im Jahre 1950 waren es dagegen schätzungsweise 2000 Veröffentlichungen pro Arbeitstag.

- Anwendungsorientierte Forschung und Entwicklung (vor allem im industriellen Bereich) produzieren gegenwärtig jährlich rund 1 Million Patente (siehe World Patents Index von Derwent). Deren wissenschaftliche Inhalte sind nur teilweise in Fachveröffentlichungen enthalten.
- Die Zahl bekannter chemischer Verbindungen stieg von 20.000 im Jahre 1880 auf derzeit über 20 Millionen (32 Millionen einschl. Biosequenzen). Zur Zeit erscheinen jährlich rund eine Million chemischer Publikationen (einschl. Patenten), in denen etwa 600.000 neue Verbindungen beschrieben werden (siehe die Datenbanken des amerikanischen Chemical Abstracts Service – CAS).
- Die Tagesausgabe der »New York Times« enthält heute mehr Informationen, als ein durchschnittlicher Engländer im 17. Jahrhundert während seines gesamten Lebens angeboten bekam.

Anhand dieser beeindruckenden Fakten bist du,

geschätzter Leser, sicherlich geneigt zu glauben, es wären alle Fragen dieser Welt beantwortet. Tja, wenn das so wäre, hieltest du dieses Buch nicht in deinen Händen!
Solltest du Lösungen für derzeit noch ungelöste Fragen haben, dann kannst du zur Vermehrung des Welt-Wissens beitragen, indem du mir die Antwort an folgende E-Mail-Adresse sendest:

durstigefische@gmx.at

Auch über Anregungen und Kritik freue ich mich sehr.
Zum Schluss noch ein herzliches »Dankeschön« an alle, die mich sowohl mit Fragen als auch mit Antworten versorgt haben; ohne sie wäre dieses Buch nicht möglich gewesen.

Erich Leisch

1. Wenn man einen Schlumpf würgt, welche Farbe bekommt er dann?

Grundsätzlich gilt: »Einen Schlumpf würgt man nicht.«

a. Wenn man einen blauen Schlumpf (Blauanteil auf der RGB-Skala = 0/0/255) so lange würgt, bis sein Rotanteil 255/0/0 beträgt, dann kommt RGB = 255/0/255 heraus und diese Farbe heißt Magenta.
b. Experimentelle Überprüfung in der Spielwarenabteilung ergab: Bleibt blau.
c. Schlümpfe haben blaues Blut, also kein Hämoglobin, sondern Kupfer, um den Sauerstoff zu transportieren. Das Blut müsste sich demnach grün verfärben, der Schlumpf auch.
d. Wenn man einen Schlumpf schlumpft, schlumpft sein Gesicht dunkelschlumpfig an.

2. Wie kommen die »Rasen betreten verboten«-Schilder in die Mitte des Rasens?

a. Sie werden vor dem Pflanzen des Rasens bereits aufgestellt.
b. Sie werden mit einem Kran nachträglich angebracht.
c. Jemand macht sich strafbar und betritt den Rasen, um sie aufzustellen.

3. **Haben Analphabeten genauso viel Spaß mit einer Buchstabensuppe?**
   a. Nein, weil sie wissen ja nicht, dass es Buchstaben sind.
   b. Ja, sie können ja auch keine Nudeln lesen.

4. **Als der Mensch entdeckte, dass Kühe Milch geben – was tat er da gerade?**
   a. Er war Sodomist und begrapschte gerade den prall gefüllten Kuhbusen.

5. Wenn Chinesen auf Hochzeiten Reis werfen, werfen Mexikaner dann Kakteen?

6. Falls ein Wort falsch geschrieben im Wörterbuch steht, wie werden wir das je erfahren?

7. Warum ist »Abkürzung« ein so langes Wort?

8. Wie merkt man, dass unsichtbare Tinte leer ist?

9. **Warum hat Noah die zwei Stechmücken nicht erschlagen?**
   a. Noah dachte, die Stechmücken waren schwul, weil beide einen Rüssel haben.
   b. Ein Anfall von christlicher Nächstenliebe.

c. Das war geplant, denn alle Plagen wollte Gott uns auch nicht ersparen.

10. Wenn Hasenpfoten Glück bringen, hat der Hase dann auch Glück gehabt?

11. **Ein Butterbrot landet immer auf der Butterseite. Eine Katze landet immer auf den Pfoten. Was passiert, wenn man einer Katze Butter auf den Rücken schmiert?**

a. Siehe dazu: »231. Warum fällt das Marmeladenbrot immer auf die falsche Seite?«

12. **Wenn der Mensch eine Weiterentwicklung des Affen ist, warum gibt es dann noch Affen?**

a. Damit wir einen Grund mehr haben, in den Zoo zu gehen.
b. Das hat mit dem Kreislauf der Natur zu tun. Die vielen, vielen Bananen sind so am besten biologisch abbaubar.

13. Haben die Arbeitnehmer einer Teefabrik ein Recht auf eine Kaffeepause?

14. Warum laufen Schafe nicht ein, wenn es regnet?

15. Wenn es heute null Grad hat, und es wird morgen doppelt so kalt, wie viel Grad hat es dann morgen?

a. Ganz klar, eine Doppelnull.

16. Warum muss der Deckel von einem Sarg zugenagelt werden?

a. Werfen wir einen Blick auf das geschichtliche Ritual der Bestattung besonders im Wilden Westen, so fällt auf, dass die Verstorbenen ins Grab gerollt wurden. Erst mit der Erfindung des Sargnagels setzte sich das Konzept der Holzsärge durch, die zuvor beim Rollen ins Grab aufklappten und ihren tragischen Inhalt preisgaben.

17. Was zählen Schafe, wenn sie nicht schlafen können?

a. Moorhühner!
b. Menschen, die glauben, dass man beim Schäfchenzählen einschlafen kann.
c. Schafe können gar nicht zählen!
d. Weiße Schafe zählen schwarze Schafe, schwarze Schafe weiße Schafe.

18. Olivenöl kommt von Oliven, Maisöl kommt von Mais. Woher kommt Babyöl?

19. Wenn dich ein Taxichauffeur im Rückwärtsgang nach Hause bringt, muss er dann dir was bezahlen?

a. Das nicht, aber du darfst ihn wegen Gefährdung deines Lebens auf Schmerzensgeld klagen.

20. Wenn man mit Lichtgeschwindigkeit fährt, was passiert, wenn man die Scheinwerfer einschaltet?

21. Bekommen Brandopfer Vergünstigungen in Krematorien?

a. Wie alles im Leben ist das reine Verhandlungssache.

b. Der Rabatt richtet sich nach dem Verhältnis von Lebendgewicht zu verbliebener Körpermasse.

22. Wie weiß ein Blinder, dass er fertig ist mit Hinternputzen?

a. Da uns der Hörsinn hierbei nicht dienlich ist, bieten sich prinzipiell drei Lösungen an: der Gebrauch des Geruchssinnes, des Geschmackssinnes und des Tastsinnes.

23. Wie vermehren sich kernlose Orangen?

a. Ganz geheim – deshalb wurde es auch noch nie dokumentiert

b. Durch Jungfernzeugung.
c. Kernlose Orangen sind Hybridzüchtungen, d. h., sie vermehren sich nicht weiter, sondern müssen immer wieder neu aus der Parentalgeneration gezüchtet werden. Man hat also sozusagen zwei »Elternorangen«, aus denen kernlose Orangen hervorgehen, und es wird immer wieder von den »Elternorangen« aus weitergezüchtet.

24. **Macht sich der Grasfrosch wegen seines Namens strafbar?**

a. Er hört auch auf den Namen Rasenfrosch, da gibt es dann keinen strafbaren Tatbestand.

25. **Warum ist nie besetzt, wenn man eine falsche Nummer anruft?**

a. Weil eine falsche Nummer normalerweise nicht angerufen wird.

26. **Wenn nichts an Teflon haftet, wie haftet dann die Pfanne daran?**

a. Die richtige Bezeichnung für den als Teflon bekannten Werkstoff ist PTFE (Poly Tetra-Fluor-Ethylen). PTFE ist stabil bis zu einer Temperatur von ca. 250

Grad Celsius, spezielle Varianten bis 300 Grad. Die Aluminiumpfanne wird zunächst sandgestrahlt, dann kommt ein Teflon Primer drauf. Der Primer ist extrem dünnflüssig, damit er tief in die mikroskopischen Kratzer eindringen kann, die beim Sandstrahlen entstehen. Die so behandelte Oberfläche wird hoch erhitzt, was das Teflon fest macht und so mechanisch mit der Oberfläche verzahnt. Als Nächstes wird die dickere Teflon-Versiegelung drauf gesprüht und alles noch einmal gebacken. Dabei verschmelzen der Teflon-Primer und die Teflon-Versiegelung und man hat eine gute Haftung und eine ausreichend dicke Teflon-Beschichtung. Man kann zwischen Primer und Oberfläche noch eine Grundierung aufbringen, die besser am Aluminium haftet als der Primer und mehr Poren für den Teflon-Primer bietet als die raue Aluminiumoberfläche.

27. Wieso gibt es kein Katzenfutter mit Geschmacksrichtung »Maus«?

a. Mäuse werden hierzulande nicht als Nutztiere betrachtet, wie dies bei Rind,

Schwein, Huhn etc. der Fall ist. »Maus« würde also sehr schnell die Tierschützer auf den Plan holen, da Mäuse entweder Wildtiere und somit geschützt oder Haustiere sind, die ebenfalls nicht zu Futter verarbeitet werden dürfen.
b. Weil eine Maus mit Petersilie garniert nicht wirklich lecker aussieht.
c. Frauchen hat Angst vor Mäusen.
d. Weil es auch kein Hundefutter mit Geschmacksrichtung »Briefträger« gibt.

28. Wieso steht man immer an der falschen Kasse?

a. Was für industrielle Prozesse gilt, das gilt auch im Supermarkt: Warteschlangen entstehen, wenn der Andrang unregelmäßig ist. Wenn es in diesem System einen gleichmäßigen Kundenstrom gibt und die Kasse normal ausgelastet ist, funktioniert das System gut. Doch die Kunden verhalten sich anders. Sie sorgen für Unregelmäßigkeiten: Eine Zeit lang kommt keiner und dann ist es auf einmal ein Pulk. Der eine hat wenig im Korb, der andere viel. Der mit den drei Artikeln will mit Karte bezahlen und, und, und. Mathematisch ausgedrückt: Je höher solche Unregelmäßigkeiten, desto länger die Wartezeit. Wer dann in der Schlange steht, hat oft das Gefühl, dass es nebenan schneller geht. Das liegt daran, dass das Wartesystem - vereinfacht gesagt - ungerecht ist: Jemand, der sich an eine vermeintlich kürzere Schlange anstellt, kann das Pech haben, länger warten zu müssen. Denn in der Schlange sind viele Faktoren versteckt, die für das Abarbeiten wichtig sind: Der eine Kunde hat den Wagen randvoll, der andere Kunde zahlt mit EC-Karte, wiederum ein Kunde lädt besonders langsam aufs Transportband und ein weiterer Kunde hat vergessen, die Tomaten zu wiegen. Dass die Schlange kurz ist, muss also nicht ausschlaggebend sein. Aber man ist enttäuscht, wenn das Anstellen an der kürzeren Schlange nicht funktioniert hat - deshalb das Gefühl, immer in der falschen Schlange zu stehen. (Zitiert von der Webseite von Quarks)

29. Warum ist man beleidigt wie eine Leberwurst?

a. Da man früher die Leber als den Sitz

der Gefühle und Temperamente sowie als Urheber des Blutes und von Trieben ansah, ist sie zum Gegenstand mehrerer Redensarten geworden (Quelle: Duden 11, 443, Ausgabe 1992). Das Anhängen der »Wurst« wird als scherzhafte Weiterbildung des Wortes »Leber« angesehen.

30. Warum vertauscht der Spiegel links und rechts, aber nicht oben und unten?

a. DER SPIEGEL vertauscht gar nichts, weil der ist eine renommierte und seriöse Zeischrift.

b. Eigentlich »vertauscht« der Spiegel gar nichts. Das Licht, das auf der linken Seite einfällt, wird auch wieder links reflektiert, das Licht, das auf der rechten Seite einfällt, rechts. Ebenso mit oben und unten. Wir meinen nur, dass er etwas vertauscht, weil wir die Perspektive des andern, des uns Gegenüber gedanklich einnehmen und deshalb »fälschlicherweise« davon ausgehen, dass unser Gegenüber nicht unser Spiegelbild, sondern jemand anderes sei. Der tiefe Grund für UNSERE (nicht des Spiegels!) ungleiche Behandlung von rechts und links gegenüber oben und unten ist die Tatsache, dass wir uns in der Horizontalen beliebig drehen können, nicht aber in der Vertikalen, die mit der Richtung der Schwerkraft gekoppelt ist: Rechts und links ist damit für unser Alltagsleben etwas Relatives, oben und unten nicht. (Das ist nebenbei bemerkt auch ein Grund, warum die globale Relativität von oben und unten und damit die Kugelgestalt der Erde früheren Generationen so absurd schien.)

c. Und das ist auch gut so. Denn sonst könnte es beim Betrachter leicht zu einer lumaxorxen Kagnastalurchung kommen, er hätte dann immer das Gefühl, dass es vorne höher ist als hinten.
d. Weil die Augen nebeneinander liegen und nicht übereinander.
e. In Wirklichkeit vertauscht ein Spiegel nur alles senkrecht zu seiner Oberfläche Stehende in den virtuellen Raum hinter sich. Grob gesagt, er vertauscht hinten und vorn und sonst nichts.

31. Warum hat eine 24-h-Tankstelle ein Türschloss?

a. An vielen 24-h-Tankstellen bleibt die Eingangstür vom späten Abend bis zur

»Frühschicht« verschlossen, da aus Sicherheitsgründen (Überfälle etc.) diese Stationen in dieser Zeit (z.B. von 22:00 Uhr bis 6:00 Uhr) nur über den Nachtschalter betrieben werden.
b. Weil ein solches von der Baugenehmigungsbehörde gefordert wird.

32. Wo genau ist »Im Nu«?

33. Was macht der Wind, wenn er nicht weht?

a. Woanders wehen.
b. Er ist auf Urlaub.
c. Es ist ihm die Puste ausgegangen und er regeneriert gerade.

34. Was fühlt ein Schmetterling im Bauch, wenn er verliebt ist?

a. Es gibt für jeden Verliebten die richtige Größe von Schmetterlingen – also fühlt auch er Schmetterlinge, aber kleinere.
b. Schmetterlinge sind nicht verliebt, sondern nur triebgesteuert.

35. Was soll das Verfallsdatum auf saurer Sahne?

a. Wahrscheinlich hört sie dann auf »sauer« zu sein und wird süß.

b. Weil der Verbraucher die Sahne sonst nicht umtauschen kann.

36. Was passiert, nachdem man sich zwei Mal halb totgelacht hat?

a. Man hat nichts mehr zu lachen.

b. Nach dem ersten Mal lachen ist man 50 Prozent tot; nach dem zweiten Lachen lacht man sich ja wieder nur halbtot, d. h., die Hälfte von 50 Prozent sind 25 Prozent, folglich ist man nach zweimaligem Halbtotlachen nur zu 75 Prozent tot! (In der Mathematik nennt man das eine geometrische Reihe.)

c. Lachen verlängert das Leben! Durch die Ausschüttung von Hormonen wird das Immunsystem gestärkt und dadurch auch Krankheiten vorgebeugt. Man nimmt zum Beispiel an, dass der Körper beim Lachen Endorphine ausschüttet und dadurch euphorisierende Wirkungen auslöst, die denen vergleichbar sind, die ein Langstreckenläufer erlebt. Beim Lachen werden Herz-Kreislauf-System, Zwerchfell, Stimmbänder, Gesichts- und Bauchmuskeln stark angeregt, was unter anderem zu erhöhtem Blutdruck, Anstieg des Sauerstoffgehalts im Blut und zu einer Art innerer Massage des Unterbauchbereichs führt. Die damit verbundene körperliche Anstrengung kann bei Personen, die sonst wenig lachen, ohne weiteres zu Schmerzen in den beanspruchten Muskelbereichen führen. Diese Symptome weichen jedoch bei länger anhaltendem Lachen (etwa fünf bis acht Minuten) einem Gefühl der Entspannung und Entkrampfung, auf dem unter anderem der therapeutische Effekt des Lachens beruht.

37. Warum nennt man einen Mann, der Frauen schmutzige Sachen sagt, einen Sexisten, während eine Frau, die Männern schmutzige Sachen sagt, einen Euro pro Minute kriegt?

38. Warum trägt ein Kamikazepilot einen Helm?

a. Weil es einfach cooler aussieht!

b. Kamikazepiloten sind in Wahrheit ganz normale Piloten. Nur hinterher sagt man dann, es sei Absicht gewesen.

39. Wenn ein Schizophrener mit Selbstmord droht, ist das dann eine Geiselnahme?

40. Ist eine volle Festplatte (Harddisk) schwerer als eine leere?

a. Nein, es werden beim Beschreiben einer Festplatte nur die Polarisierungen der Elementarmagneten in der Beschichtung der einzelnen Platten durch den Lese/Schreibkopf geändert, es wird also keine Masse hinzugefügt.

b. Eine Platte hat mehr magnetische Felder, je mehr sie beschrieben wird. Damit ist die Anziehung an die Erde höher und bringt mehr auf die Waage; ist aber kaum messbar.

c. Die Festplatte erhöht nach der Formatierung ihr Gewicht pro geschriebenes Byte um die Masse der notwendigen Elektronen pro Cluster.

d. Da die Clustergröße von der Bauart und Größe der HD abhängt, gibt es hierzu keinen allgemeingültigen Wert. Die Abhängigkeiten liegen jedoch in der Molekularladung je Byte, der Anzahl der physischen Platten je HD und der Datendichte. Bei einer IBM-SCSI-III-Festplatte, 80 GB, wurden bei voller Beschreibung und 128 Bit Kryptografie schon Gewichtszunahmen von 0,32 g/MB gemessen.

e. Mit Pinsel und Farbe wird sie schwerer, während die Gravur mit Hammer und Meißel Material entfernt und sie leichter wird.

41. Wenn Schwimmen gut sein soll für die Entwicklung von Armen und Beinen, warum haben Fische weder Arme noch Beine?

42. Warum werden Zigaretten an Tankstellen verkauft, wo das Rauchen verboten ist?

43. Wenn Autofahren verboten ist, nachdem man Alkohol getrunken hat, warum haben Bars und Kneipen Parkplätze?

44. Kriegt ein Fisch genau wie ein Mensch Krämpfe, wenn er direkt nach dem Essen schwimmen geht?

45. Wie heißen die harten Plastikenden an den Schnürsenkeln?

a. Schuhriemen-Benadelung
b. Aglet (engl.)
c. »Plastikstück-am-Ende-des-Schnürsenkels«
d. Zerfledderungssicherung

46. Wenn eine Fliege an der Zimmerdecke landet, macht sie dann einen Looping oder eine Rolle (Drehung um ihre Längsachse)?

47. Warum muss man für den Besuch beim Hellseher einen Termin vereinbaren?

48. Wenn das Universum alles ist und sich ausdehnt, wo dehnt es sich dann rein?

a. In das Nichts und dieses wird dann zum Etwas.

49. Warum benutzt man für »tödliche Injektionen« in den USA sterilisierte Spritzen/Nadeln?

50. Wenn die so genannte »Black Box« eines Flugzeugs unzerstörbar ist, wieso baut man dann nicht das ganze Flugzeug aus dem Material?

a. Weil das Flugzeug zu schwer wird.

b. Verglichen mit der Anzahl der weltweiten Flüge ist die Zahl der Flugzeugabstürze verschwindend klein, sodass die Kosten dafür in keiner Relation stehen.

51. Ist es ein Erfolg, wenn ein Buch über »Fiasko« sich schlecht verkauft?

52. **Wenn Schwimmen schlank macht, was machen Blauwale falsch?**

a. Sie schwimmen zu wenig.
b. Sie fressen zu viel.

53. **Was geht schief, wenn man Murphys Gesetz beweisen will?**

a. Alles. Nach dem 17. Gesetz von Murphy: »Alle Konstanten sind variabel«, ist ein Beweis gar nicht möglich, da eine Gleichung mit einer unbekannten Anzahl von Variablen keine Lösungsmenge mit endlich vielen Elementen hat.

54. **Gibt es für »Synonym« auch ein anderes Wort?**

a. Nein!
b. Also das Wort Synonym ist einzigartig (nicht: einzig, nicht: einzeln, nicht: solo, nicht: individuell, nicht: individualistisch), und es bezeichnet genau eine Sache, die es, wie oben angeführt, gar nicht gibt. – Es gibt also in der deutschen Sprache – und vermutlich auch in anderen Sprachen –, mindestens ein

Wort für eine Sache, die es nicht gibt. Das ist genauso paradox wie die Frage. Weiter führende Gegenfrage für Forscher der Germanistik: Welche noch außer »Synonym«? Und kann es überhaupt ein Wort geben für etwas, das es nicht gibt? Und umgekehrt, kein Wort für etwas, das es gibt? – das ist dann mehr für die Philosophen.

55. **Wenn Blinde dunkle Brillen tragen, warum tragen Taube keine Ohrenwärmer?**

a. Weil Stumme auch keinen Mundschutz tragen.

b. Weil Dumme auch keinen Hut tragen. (Oder doch?)

56. **Woran erkennt man, dass ein Dudelsack neu gestimmt werden muss?**

a. An der Anzahl der Zuhörer, die fluchtartig den Raum verlassen. Diese steigt mit dem Quadrat der verstrichenen Zeit seit Konzertbeginn.

57. **Hat man Pasta gegessen, ist man satt; wenn man danach Antipasta isst, ist man dann wieder hungrig?**

a. Ich schon.

58. Ist Sterilität vererbbar?

59. Wenn ein taubstummes Kind flucht, wäscht ihm dann seine Mutter sofort die Hände mit Seife?

60. Was steht auf den Schildern der Schildermaler, wenn diese streiken?
a. Das Gleiche wie in Zeitungen, wenn die Typografiker streiken.

61. Woher wissen wilde Tiere, dass sie nur dort die Straßen queren sollen, wo diese Schilder aufgestellt wurden?

62. Warum gibt es eigentlich nur EINE Monopolaufsicht?

63. Wie viel Monate, Wochen und Tage hat ein Lichtjahr?
a. 12 Lichtmonate, 52 Lichtwochen, 365 Lichttage; das Lichtschaltjahr hat 1 Lichttag mehr.

64. Wenn man Trockeneis schmilzt, kann man dann darin baden, ohne nass zu werden?

65. Wenn ein Projektmanager Projekte ma-

nagt, faltet dann ein Zitronenfalter Zitronen?

66. Was waren die Affen, als die Menschen Affen waren?

a. Halbaffen

67. Woher wusste der Erfinder der ersten Uhr, wie spät es war?

a. Siehe dazu »153. Wie wurde die erste mechanische Uhr sekundengenau eingestellt?«

68. Werden Amphibienkinder von ihren Eltern angehalten, erst eine Stunde nach der Nahrungsaufnahme das Land zu betreten?

69. Halten Enten Gummimenschen für witzig?

70. Können Fische durstig sein?

a. Wie alle Lebewesen brauchen auch Fische Wasser für ihren Stoffwechsel und ihre Zelltätigkeiten. Die Frage nach dem Trinken ist allerdings nicht so schnell zu beantworten. Bei dieser Frage muss nämlich zwischen Süß- und Salzwasserfischen unterschieden werden. Ob Fische trinken beziehungsweise wie viel Wasser sie aufnehmen, hängt vom osmotischen Druck des Wassers ab, in dem sie leben. Also auch davon, ob sie Süß- oder Salzwasserfische sind. Süßwasserfische nehmen das Wasser durch die Kiemen und die Hautoberfläche auf. Die Haut wirkt praktisch wie eine osmotische Membran. Der osmotische Druck im Süßwasser ist gleich null. Im Gewebe und Blut des Fisches sind aber Substanzen und Salze enthalten, die einen höheren Druck erzeugen. Mit dieser Kraft saugt der Süßwasserfisch das Wasser von außen an. Würde er das überflüssige Wasser nicht über seine Nieren ausscheiden, würde er sich ständig ausdehnen, bis er platzt. Beim Salzwasserfisch ist es genau umgekehrt. Der Salzgehalt des Meerwassers ist wesentlich höher als der im Körper des Fisches. Nach derselben osmotischen Gesetzmäßigkeit wie beim Süßwasserfisch saugt das Meerwasser diesmal aus dem Körper des Fisches das Wasser heraus. Eine paradoxe Gegebenheit: Würde der Salzwasserfisch nicht das Meerwasser trinken, würde er austrocknen und mitten im Wasser verdursten. Der Salzwasserfisch trinkt durch Mund, Schleimhaut und Kiemen und nicht über die Hautoberfläche. Die Haut hält das Meerwasser ab, in den Kiemen hat er spezielle Vorrichtungen, die das Eindringen des Salzes verhindern, das Meerwasser entsalzen und es so zu Trinkwasser machen. Das Trinkwasser bekommt denselben osmotischen Druck wie das Blut im Fisch. Es gibt aber auch einige Ausnahmen unter den Salzwasserfischen. Haie und Rochen haben zum Beispiel die Natur überlistet, sie gleichen den osmotischen Druck aus. Das tun sie, indem sie die Konzentration im Harnstoff erhöhen und damit dagegenwirken. Haie und Rochen saugen also genau wie Süßwasserfische das Wasser aus dem Meer auf und müssen deshalb zusehen, wie sie es wieder ausscheiden. Fischarten, die in beiden Gewässern leben wie Lachse oder Aale, können beides. Sie können Wasser aufnehmen und Wasser abgeben. Sie benutzen dazu ihren Harnstoffspiegel. Sind sie im Süßwasser, wird der Harnstoffgehalt verringert. Sind sie im

Salzwasser, wird der Harnstoffgehalt gespeichert.

71. Zu Fischgerichten trinkt man Weißwein, also gibt's zu Sushi Trauben?

72. Die Nase läuft, die Füße riechen, was ist falsch?

73. Wenn man »hungrig« ist und etwas isst, ist man »satt«; wenn man durstig ist und etwas trinkt, was ist man dann?

a. Sitt – Das Adjektiv »sitt« ist ein Kunstwort, das das Gegenteil von durstig (also nicht mehr durstig) bedeuten soll. Da es im Deutschen kein Wort mit dieser Bedeutung gibt, wurde 1999 von der Dudenredaktion in Zusammenarbeit mit dem Getränkehersteller Lipton im Rahmen eines Wettbewerbs mit mehr als 100.000 Beteiligten dieses Wort aus einer Vielzahl anderer Vorschläge ausgesucht. Das Wort wurde in Anlehnung an satt gewählt, da satt das Gegenteil von hungrig ist. Das Wort hat sich aber bis heute im allgemeinen Sprachgebrauch so gut wie nicht durchgesetzt. Auch sind manche der Meinung, dass ein Unternehmen, dessen primäres Ziel es ist, Geld zu verdienen, nicht das Recht haben sollte, mit einer Werbeaktion an der Sprache als Kulturgut Veränderungen vornehmen zu dürfen. Auf der anderen Seite entscheidet die Bevölkerung, ob sie dieses Wort in den allgemeinen Sprachgebrauch übernimmt oder nicht. Das Wort wurde nicht in den Duden aufgenommen, da die Redaktion erst einmal die Akzeptanz in der Bevölkerung abwarten wollte. Da es bis jetzt, nach fünf Jahren, noch nicht aufgenommen worden ist, scheint es unwahrscheinlich, dass das Wort jemals im Duden erscheinen wird. Ebenfalls vorgeschlagen wurde die Bedeutungsausweitung des Wortes »gestillt«. 1975 gab es bereits in der »Welt im Spiegel«, einer Beilage der damals erscheinenden Satirezeitschrift »Pardon«, einen erfundenen Herrn Schmöll, der seinen Namen als Begriff für das Gegenteil von durstig hergeben wollte: »Möchten Sie noch etwas zu trinken?« – »Nein danke, ich bin schmöll.« In dem 1992 erschienenen Buch »Der tiefere Sinn des Labenz« wurde das Wort »stulln« dafür vorgeschlagen, was sich ebenfalls nicht durchgesetzt hat. Darauf sollte man eigentlich einen trinken ...

b. Durst kann man nicht stillen, es gibt also kein Gegenteil.
c. Abhängig von der Menge und der Art des zu sich genommenen Getränks sind folgende Begriffe geläufig: besoffen; stramm; voll; zu; abgefüllt; stocksteif; blau; fett (Steigerungen: fett wie ein Radierer; vollfett und streichfähig).
d. Überwässert – so lautet mindestens die medizinische Definition.
e. Überflüssig.

74. Woran ist das »Tote Meer« gestorben?

a. Am zu hohen Salzgehalt.

75. Was war zuerst da, das Huhn oder das Ei?

a. Die logische Antwort ist einfach die, dass das Huhn zuerst da gewesen ist, da nur ein HUHN ein HÜHNEREI legen kann. Wäre das Ei zuerst da gewesen, wäre es kein Hühnerei. Sondern ein Ei der Spezies, die es gelegt hat.
b. Alte Techniker-Antwort: Das Huhn ist nur die Methode des Eies, neue Eier zu produzieren.

c. In der Natur entwickeln sich lebende Sachen durch Änderungen in ihrer DNA. In einem Tier, sagen wir mal einem Huhn, treffen DNA von einer männlichen Samenzellenzelle auf ein weibliches Ovulum und bilden eine Zygote – die erste Zelle eines neuen Babyhuhns. Diese erste Zelle teilt sich dann in unzählbaren Schritten, bis alle Zellen des kompletten Tieres vorhanden sind. In jedem möglichem Tier enthält jede Zelle genau die gleiche DNA und diese DNA kommt aus der Zygote. Hühner unterscheiden sich nun von den »Nichthühnern« durch (kleine) Änderungen, die durch das Mischen der männlichen und weiblichen DNA oder durch Veränderungen an der DNA verursacht wurden. Diese Änderungen und Veränderungen haben in dem Punkt einen Effekt, das eine neue (Huhn)zygote erstellt wird. Das heißt, als sich zwei Nichthühner paarten, deren DNA bzw. die sich daraus ergebene Zygote insofern eine Mutation ist, als dass sie die Erbanlage für ein Huhn enthält, ist das zutreffende Huhn produziert. Diese Zelle mit einer Zygote teilte sich, um das erste zutreffende Huhn zu produzieren. Vor dieser ersten zutreffenden Huhnzygote gab es nur Nichthühner. Die Zygote ist der einzige Platz, in dem DNA-Veränderungen ein neues Tier produzieren konnten, und die Zygote wird im Ei des Huhns untergebracht. Demnach muss das Ei zuerst gekommen sein.

76. Warum ist ein Transparent nie durchsichtig?

a. Weil die Sprüche darauf nicht mehr klar lesbar wären (Begriffserklärung lt. Wikipedia: Klarheit = Transparenz).

77. Kann man in der Baumschule durchfallen?

78. Wenn Superkleber wirklich überall klebt, warum dann nicht auf der Innenseite der Tube?

a. Sekundenkleber (Superkleber) sind Reaktionsklebstoffe, die zwar nicht alles, aber doch sehr viele Materialien kleben. Sie benötigen Feuchtigkeit, um zu reagieren bzw. auszuhärten. Diese Feuchtigkeit kommt erst beim Kleben aus der Luft. Sie kann natürlich auch aus den

Klebeteilen kommen, z. B. wenn man unvorsichtig arbeitet und Sekundenkleber auf die Finger kommt. Die Feuchtigkeit aus der Haut führt hier zu einer äußerst schnellen Reaktion. (Gerade deshalb sollten Sekundenklebstoffe von Kindern nicht verarbeitet werden.) Außerdem härten Sekundenkleber erst dann sekundenschnell aus, wenn sie in dünne Schichten zusammengepresst werden. Deshalb kann die Tube auch während der Klebarbeit kurze Zeit offen stehen bleiben und der Klebstoff wird in der Tube nicht fest. Dieses Phänomen kann man auch (ungewollterweise) an verklebten Sekundenkleberverschlüssen beobachten. Wird die Spitze nicht sauber gemacht, führen Sekundenkleberreste zu extremen Verklebungen – auch an dem sonst schwer verklebbaren Kunststoff der Verschlüsse.

b. Weil er die Sekunden klebt und nicht die Tube!

79. Warum sind Möhren mehr orange als Orangen?

a. Weil Orangen weniger möhrig sind als Möhren.

80. Warum ist das Wort »einsilbig« dreisilbig?
a. Weil »zweisilbig« auch dreisilbig ist.

81. Warum glauben einem Leute sofort, wenn man ihnen sagt, dass es am Himmel 400 Billionen Sterne gibt, aber wenn man ihnen sagt, dass die Bank frisch gestrichen ist, müssen sie draufpatschen?
a. Weil das Draufpatschen nicht so lange dauert wie Sterne zählen.

82. Warum besteht Zitronenlimonade größtenteils aus künstlichen Zutaten, während in Geschirrspülmitteln richtiger Zitronensaft drin ist?
a. Weil alle Zitronen für die Geschirrspülmitteln gebraucht werden.

83. Warum hat Tarzan keinen Bart?
a. Er ist ein Indianer und die haben bekanntlich ja keinen Bart.
b. Er rasiert sich heimlich.
c. Er ist ein Weichei.

84. Mit welcher Geschwindigkeit breitet sich das Dunkel aus?
a. Mit Dunkelgeschwindigkeit.

85. Ist der Begriff »Selbsthilfegruppe« nicht widersinnig?

86. Haben blinde Eskimos Blinden-Schlittenhunde?

87. **Warum gibt es in Flugzeugen Schwimmwesten statt Fallschirmen?**

a. Weil eine Schwimmweste billiger ist als ein Fallschirm.

b. In Schwimmwesten sehen die Stewardessen attraktiver aus.

c. Runter kommt man immer, für den Auftrieb ist meist Hilfestellung nötig bzw. nicht jeder kann schwimmen.

d. Hierfür gibt es mehrere Gründe: Kontrollierter Ausstieg nicht möglich, Panik, Zeit zu kapp, wenn überhaupt noch vorhanden; auch fehlt eine geeignete Stelle zum Absprung. Außerdem würde der Staudruck bei der hohen Geschwindigkeit ohne Schutzanzug/Helm, wie die Jetpiloten sie tragen, die Lunge zerreißen. Wenn es abwärts geht, hilft also nur noch beten!

e. Weil man zwar »ertrinken«, aber nicht »erfliegen« kann.

88. Wie kommt ein Schneepflugfahrer morgens zur Arbeit?

a. Er fährt mit der U-Bahn.
b. Mit seinen Langlaufschiern.
c. Er macht blau und hofft, dass andere da sind.

89. Auf den meisten Verbrauchsgütern steht »Hier öffnen«. Was schreibt das Protokoll vor, wenn dort stehen würde: »Woanders öffnen«?

a. Dann müsste man vor dem Öffnen woanders hingehen.

90. Was sehen weiße Mäuse, wenn sie besoffen sind?

91. Wenn man sich vornimmt, den ganzen Tag nichts zu erreichen, und das dann auch schafft – hat man dann was erreicht oder nicht?

a. Man hat geschafft, dass man nichts erreicht hat.
b. Man hat erreicht, dass man nichts geschafft hat.

92. Welche Haarfarbe steht eigentlich im Pass eines Glatzköpfigen?

a. Die Farbe der Barthaare.
b. Die Farbe der Schamhaare.
c. Die Farbe der Achselhaare.

93. Warum heißt es »Arbeitsamt« und nicht »Arbeitslosenamt«?

94. Wo kämen wir denn hin, wenn jeder sagen würde: »Wo kämen wir hin?«, aber niemand gehen würde, um zu sehen, wohin wir kämen, wenn wir gingen?

95. **Warum können wir uns nicht selber kitzeln?**

a. Unser Gehirn kann wichtige Reize von unwichtigen unterscheiden. Deshalb dringen nur bestimmte Reize in unser Bewusstsein. Beim Selbstkitzeln spielt das Kleinhirn eine wichtige Rolle: Es weiß im Voraus, welche Bewegung der Körper als Nächstes machen wird, und kann so das Großhirn vor der kitzelnden Hand »warnen«. Das Großhirn ist auf den kommenden Reiz vorbereitet und stellt sich darauf ein. Das Großhirn reagiert also nur dann auf einen Kitzelreiz, wenn er nicht mit der eigenen Körperbewegung in Verbindung steht.

96. **Kommen Schnecken mit ihren Häusern zur Welt?**

a. Ja, dadurch sparen sie die Erbschaftssteuer und ihr Vermögen wächst automatisch mit.

97. **Haben Hühner einen Bauchnabel?**

a. Nein. Menschen legen ja auch keine Eier.

98. **Sind Vegetarier, die eine Fleischtomate essen, noch Vegetarier?**

a. Sie sind eingefleischte Vegetarier.

99. **Warum ist die Banane krumm?**

a. Damit sie in die gebogene Schale passt.

100. **Wenn man Fernsehen guckt, verbraucht man weniger Energie, als wenn man schläft; was passiert, wenn man vorm Fernseher einschläft?**

a. Man wird immer dicker, da man ja dann fast gar keine Energie mehr verbraucht.

101. Kratzen Wolkenkratzer Wolken? Und tun sie das in Amerika mit dem Himmel (Skyscraper).

102. **Warum heißt die Feuerwehr »Feuerwehr«, wo sie doch mit Wasser spritzen?**
  a. Weil der richtige Name (Wasserwehr) schon für eine kleine Staumauer gebraucht wird.

103. Wenn ein Fisch und ein Vogel sich verlieben, wo bauen sie ihr Nest?

104. **Warum steht auf der »Black Box« eines Flugzeuges »Bitte nicht öffnen«?**
  a. Weil keiner wissen darf, was drinnen ist.
  b. Weil sie dann innen nicht mehr black wäre und daher auch keine Black Box.

105. **Warum ist das Wort »Abkürzung« länger als das Wort »Umweg«?**
  a. Nach Murphy's Gesetz ist die Abkürzung immer der längste Umweg.

106. Wenn ein Schizophrener unter »Multipler Persönlichkeitsstörung« leidet und Selbstmord begeht, ist das dann ein Massenmord?

107. Wenn es keine Dummen gäbe, woher

wüssten die Intelligenten, dass sie schlau sind?

108. Muss man sich vor »ausschlagenden« Bäumen hüten?

109. Wenn es Lebkuchen gibt, warum gibt's keinen Todkuchen?

110. Hat der Besitzer eines Survival-Knife wirklich alles im Griff?

111. Findet der Birkenspanner die Birke wirklich so aufregend?

112. Sind alle Verallgemeinerungen falsch?

a. Nicht alle, aber die meisten; das liegt daran, dass alles letzten Endes doch irgendwie ist oder auch nicht.

113. Schwimmen einbeinige Enten im Kreis?

114. Wie tragen Menschen ohne Ohren eine Brille?

a. In einem Etui in der Jackentasche.
b. An einer Kette um den Hals.

115. Warum rennt Donald Duck ohne Hose

in der Öffentlichkeit rum und landet deshalb nicht im Knast?

a. Enten legen Eier, d. h., sie haben keine besondere Zone, die Kindern aus Aufklärungsgründen verweigert werden müsste. Daisy Duck trägt übrigens nur als Unterscheidungs- und Rollenmerkmal ein Kleid.

116. Warum trägt Mickimaus nur eine Hose und kein Hemd?

a. Mäuse sind Säugetiere und haben einen Pullermann, d. h., sie haben eine besondere Zone, die Kindern aus Aufklärungsgründen verweigert werden müsste.

117. Goofy und Pluto sind beides Hunde. Warum trägt Goofy Kleidung und kann sprechen, Pluto aber nicht?

a. Typischer Fall von Rassendiskriminierung.
b. Pluto ist ein »Schläfer« einer Terrorgruppe.

118. Wie jeder weiß, verrät ein Zauberer seine Tricks nur an andere Zauberer, nie jedoch an gewöhnliche Leute! Wenn

das so ist, wie kann dann jemand überhaupt Zauberer werden, wenn ihm keine Tricks verraten werden, solange er noch nicht Zauberer ist?

a. Das ist der größte Zaubertrick.

119. Kann ein Damenfahrrad herrenlos herumstehen?

a. Ursprünglich war das möglich, allerdings ist im Zuge der Emanzipation auch das »damenlose« Herumstehen salonfähig geworden.

120. Warum kann man eine Samenspende nicht von der Steuer absetzen?

a. Weil sie keine betriebliche Aufwendung darstellt, sondern eher der Vergnügungssteuer unterliegt. Ferner dient sie nicht dem Gemeinwohl und hat auch keinen karitativen Charakter.

b. Eigentlich ist das ungerecht, weil sie indirekt zur Vermehrung zukünftiger Steuerzahler beiträgt und so sehr wohl gefördert werden sollte.

121. Warum gibt es parfümiertes Toilettenpapier?

a. Weil es auch Präservative mit Geschmack gibt.

122. **Warum wird »phonetisch« nicht so geschrieben, wie es klingt?**
a. Weil es falsch im Wörterbuch steht.

123. Wenn Liebe blind macht, warum verkaufen sich Dessous?

124. **Wenn beim Synchronschwimmen eine absäuft, was ist mit der anderen?**
a. Die bekommt schlechte Haltungsnoten
b. Es heißt Synchronschwimmen und nicht Synchronabsaufen.

125. Wenn man im Westen »Westen« trägt, warum nicht im Osten »Osten« ?

126. **Wie heißt bei den Wasserhühnern das Männchen – »Wasserhahn« ?**
a. Wasserhuhnhahn

127. **Wenn man an nichts denkt, denkt man dann trotzdem?**
a. Ich denke nicht – denk ich ...

128. Können Glühbirnen Lampenfieber haben?

129. Italiener trinken aus »Römern«; trinken die Franzosen aus »Parisern«?

130. Wenn Radio ins Ohr geht, geht dann Fernsehen ins Auge?

a. Das hängt vom Programm ab und das kann manchmal durchaus ins Auge gehen.

131. Kann ein Ehepaar die totale Einsamkeit finden?

132. Kann »In-Sein« auch einmal out sein?

a. Ja, und zwar dann, wenn »Out-Sein« in ist.

133. Wenn immer der Klügere nachgibt, wird die Welt dann von Idioten beherrscht?

a. Definitiv ja; schaut euch um!!!

134. Getreidemühlen mahlen Getreide, wie ist das mit Windmühlen?

a. Die meisten Windmühlen stehen in den Niederlanden, wo ja bekanntlich die starken Stürme vom Atlantik hereinblasen; damit Mitteleuropa von ihnen nicht betroffen ist, werden sie bereits in Holland zu Winden, Brisen und Lüfterln zermahlen.

b. Spitzname für ein Medikament, das lästige Verdauungsgase (Flatulenzen) für die Umgebung akustisch und geruchsmäßig erträglicher macht.

135. Ist ein Tritt in den Hintern ein Vorbeugungsmittel?

136. Das Gegenteil von »gern« ist »ungern«; ist das Gegenteil von »Garn« jetzt »Ungarn«?

137. Wieso sind Quadratschädel auch rund?

a. Weil die Erdkugel ein Ellipsoid ist.

138. Eine Metallsäge ist für Metall, wie ist das mit einer Laubsäge?

139. Wieso tragen Rocksänger meistens Hosen?

140. Laien können Laienrichter sein, können Linien auch Linienrichter werden?

141. Wodurch verlor der Blinddarm seine Sehkraft?

a. Er wurde schon blind geboren, und da es in der Bauchhöhle finster ist, braucht er gar nichts sehen.

142. Sind Second-Hand-Shops nur für Einarmige?

143. Warum gibt es keine blauen Gummibären?

a. Gummibärchen vertragen keinen Alkohol. Bevor sie so richtig blau sind, wird ihnen schlecht, sie müssen sich übergeben und werden ganz grün!

b. Alle Farbstoffe gehören zu den Lebensmittelzusatzstoffen. Diese unterliegen in der Bundesrepublik Deutschland der amtlichen Zulassung durch den Gesetzgeber. In einem aufwendigen Zulassungsverfahren muss sowohl die gesundheitliche Unbedenklichkeit des jeweiligen Stoffes als auch die technologische Notwendigkeit nachgewiesen werden. In einer Broschüre des BLL (Bund für Lebensmittelrecht und Lebensmittelkunde) wird genau erklärt, was Lebensmittelzusatzstoffe sind und wie die Prüf- und Zulassungsverfahren aussehen. Auch die von HARIBO eingesetzten Stoffe gehören zu den ordnungsgemäß zugelassenen Farbstoffen. Es bestehen keinerlei Hinweise, dass an diesen Farbstoffen etwas Nachteiliges sein könnte. Zudem werden seit geraumer Zeit den Goldbären und vielen anderen Produkten keine Farbstoffe, sondern färbende Auszüge aus Früchten und Pflanzen zugesetzt. Eine blaue Färbung des Fruchtgummis lässt sich mit Hilfe dieser Auzüge nicht erzielen. (HARIBO Verbraucher-Info)

144. Wo liegt eigentlich wirklich der Hund begraben?

a. Die Redewendung ergibt sich aus der veralteten Geringschätzung der Hunde. (Heute sieht das ja ganz anders aus!) Wo ein Hund begraben liegt (und dies ist ja in der Regel überhaupt nicht erkennbar), kommt Anteilnahme selten auf. Sprich, um die »Sache« kümmert sich keiner bzw. man findet sie erst gar nicht.

b. Die Redewendung hat gar nichts mit dem Haustier zu tun, sondern kommt vielmehr vom mittelhochdeutschen

»Hunde«, das Beute, Raub, Schatz bedeutet, also somit: Da also liegt der Schatz begraben.

c. Auf dem Hundefriedhof.

145. Warum heißt es »Tochterfirma« und nicht »Sohnfirma«?

a. Da »Tochterfirma« ein zusammengesetztes Wort aus zwei Wörtern ist und man bei solchen Wörtern den Artikel durch das Geschlecht des zweiten Substantives bestimmt. Also wäre »der Sohnfirma« schon einmal falsch, weil sich das Wort [die] »Firma« ja nicht ändert.

b. Eine Tochterfirma wird gegründet, eine »Sohnfirma« vererbt!

146. Warum steht auf Toilettentüren eine Doppelnull?

a. Das »00« kommt aus dem Römischen Reich. Damals gab es an den Römerstraßen und römischen Handelswegen natürlich auch schon kleine Häuschen für die Notdurft – die die Handelsleute des Öfteren ereilte. Und diese, man wird es kaum glauben, waren damals nur Männer. Man überlegte also damals, wie man diese Häuschen bzw. die Türen so kennzeichnen sollte, damit jeder wusste, was sich hinter dieser Tür verbirgt. Man(n) setzte sich also zusammen und überlegte gemeinsam, um zu einer Lösung zu kommen. Diese war bald gefunden – und klingt bis heute noch sehr sonderbar: Da auf den Handelswegen, wie wir ja nun wissen, nur Männer unterwegs waren, nahm man als Zeichen die zwei männlichen Hoden, die in der weiteren Entwicklung nun heute den zwei Nullen gewichen sind. Damals waren es also die männlichen Hoden, die den männlichen Handelsreisenden den richtigen Weg für das dringende Geschäft wiesen – heute ist sie allgemein weiterentwickelt und für alle gültig, die Null in Doppelform.

b. »00« ist doch eindeutig ein Piktogramm eines Hintern.

c. Hotel- und andere Zimmer, aber insbesondere eben Hotelzimmer sind in den Etagen meistens dreistellig nummeriert, wobei die erste Stelle das Stockwerk angibt (in Gebäuden mit mehr als 10 Obergeschossen entsprechend vierstellig). Die Toilette ist insofern nicht als (Hotel-)Zimmer in die Nummerierung aufgenommen und wird als Zimmer »00« (also 100 in der ersten, 200 in der zweiten Etage) bezeichnet. Das hat sich so durchgesetzt, dass in größeren Hotels die Toilette tatsächlich diese Zimmernummer erhält. Die Toilette im Erdgeschoss hat in diesen Fällen tatsächlich die Nummer »00«. 00 war somit die erste Anlaufstelle für Gäste in Nöten.

d. »00« als Simplifizierung des Bildes, das man bekommt, wenn man eine Toilette mit geöffneter Brille sieht.
e. Die Abkürzug »00« kommt vom englischen Wort Loo, welches Klosett bedeutet.
f. Es sind die Anfangsbuchstaben der Worte Omittite Omittendum (lat. lasst aus, was auszulassen ist).

147. Warum heißt es »Hochwasser«, aber »Tiefschnee«?

148. Warum gibt es keine »Westsee«, obwohl wir eine Nordsee, Ostsee und Südsee kennen?

a. Kein Platz, im Westen ist ja schon der Atlantik.

149. Was macht ein Lokomotivführer, wenn er auf die Toilette muss?

150. Warum heißt der Leberkäse so, wo doch weder Leber noch Käse drinnen ist?

a. Typischer Fall von offiziell geduldeter Mogelpackung.
b. Der Name geht vermutlich auf das aus dem Mittelhochdeutschen stammende »lab« für »gerinnen« und das aus dem Westslawischen entlehnte »quas« für »Schmaus«, »Gelage« zurück, die als Wurzeln im Dialekt noch lebendig gewesen sein dürften. Nach dieser Deutung wäre Leberkäse also ein aus geronnenem Fleischbrei bestehender Schmaus. Nach einer anderen Vermutung stammt das »Leber« von »Laib«. Der Name entspringt möglicherweise auch dem Mannheimer Dialekt. Als sich besagter Mannheimer Metzger diese Spezialität erdachte, war die Form einem Käselaib nicht unähnlich. Der Mannheimer sagt dazu: »Lääb Kees« (Laib Käse). So könnte aus diesem

»Lääb Kees« dann der »Lewwerkäs« und zuletzt dann die hochgedeutschte Form »Leberkäse« entstanden sein.

151. Beim Speerwerfen wird ein Speer geworfen, wie ist das beim Hammerwerfen?

152. Wer testet die Stiftung Warentest?

a. Niemand. Stiftung Warentest ist von der Industrie beauftragt, damit der Verbraucher durch die Empfehlungen genau die empfohlenen Produkte kauft bzw. nicht kauft. Es geht um die Sicherung von Marktanteilen.

b. Die Stiftung Warentest wird kontrolliert von der Stiftung Stiftungstest.

c. Die Stiftung Ökotest. Die finden nämlich meist total vergiftet, was bei Warentest lustiger Sieger wird.

d. Die gleichen Leute, die auch die Microsoft-Produkte testen – alle Verbraucher.

153. Wie wurde die erste mechanische Uhr sekundengenau eingestellt?

a. Bei den ersten mechanischen Uhren wurden keine Sekunden eingestellt. Die wurden zunächst auf Tage justiert, was ganz gut nach dem Kriterium »höchster Sonnenstand« geht. Dann wurde nach Stunden aufgeteilt. Ein paar Wochen bis Jahre warten – dann weiß man, wie genau die gemessene Stunde ist. Wenn man diese Einteilung feinjustiert hat, kann man weitermachen. Erst mit Minuten, dann mit Sekunden.

b. Ein universelles Zeitnormal wurde aus astronomischen Beobachtungen gewonnen (z. B. Dauer eines Tages). Daraus wurden die feineren Zeiteinheiten Stunde, Minute und Sekunde abgeleitet. Um diese aber zu realisieren, braucht man Uhren (eine Sekunde über die Veränderungen am Himmel zu messen ist nicht ganz einfach). Die Uhren wurden daher so justiert, dass 60 x 60 x 24 Uhrsekunden der Länge eines Tages entspricht (oder auch längeren Zeitperioden).

c. Die erste mechanische Uhr – die so genannte Ur-Uhr – wurde überhaupt nicht gestellt. Die blöde Uhrenstellerei begann erst mit der zweiten mechanischen Uhr, die natürlich nach der ersten gestellt wurde.

d. Die Uhr wurde mit dem Finger gestellt, mithilfe des Rädchens an der Seite!
e. Nach einer hochpräzisen Quarzsanduhr natürlich. Erst später wurden die Sanduhren mit Rubidiumsplittern gefüllt, daher spricht man auch heute noch von der Rubidium-Frequenz-Referenz.

154. Wird ein Film schwerer, wenn man ihn belichtet?

a. Die Belichtung der Emulsion bei einem modernen Film findet im Inneren statt, außer der Anregungsenergie durch Licht hat der chemische Prozess keinen Austausch mit der Außenwelt. Das Gewicht bleibt also gleich; nach dem Entwickeln/Auswaschen wird es aber dafür geringer.
b. Meine Alte wird ja auch nicht leichter, nur weil sie unterbelichtet ist.
c. Kommt drauf an, ob der Film ein Positiv- oder Negativfilm ist, dann wird er schwerer oder leichter (durch die Energiewirkung der einfallenden Lichtstrahlen). Beim Umkehrfilm ist es natürlich umgekehrt.

155. Warum beendet man Windows mit dem »Start-Button«?

a. Weil natürlich auch ein ENDE irgendwie begonnen werden muss.

b. Weil man bei Windows alles dort findet, wo man es nie vermuten würde ...

c. Weil man Autos ja auch mit dem Zündschlüssel abstellt.

d. Weil das der Beginn der Entspannung ohne Fehlermeldungen, Blue Screens und schwere Ausnahmefehler ist, eben der START in die sorgenfreie Zeit.

e. Weil bei der Häufigkeit der Programmabstürze der »Beenden-Knopf« sowieso überflüssig ist.

f. Das Beenden des Windows-Programms erfolgt über einen Prozess, der mannigfaltige Abschlussarbeiten durchführt. Dieser Programmteil wird logischerweise ge»START«et

g. Daniel Oran schuf den »Start«-Button im Frühling 1993 als Programm-Manager für die neue Windows-Benutzeroberfläche sechs Monate, nachdem er zu Microsoft gekommen war. Ursprünglich nannte er ihn »System«-Button, aber Tests zeigten, dass »System« zu technisch und anwenderfeindlich klang, daher benannte er ihn schließlich kurzfristig in »Start« um. Dabei übersah er, dass das »Beenden« nun mit dem »Start« im Konflikt stand. Und so bleibt es bis heute ... Daniel Oran gibt selbst zu, dass es eigentlich keinen Sinn macht, im »Start«-Menü einen »Beenden«-Befehl unterzubringen; auch viele Microsoft-Angestellte haben ihn im Laufe der Jahre immer wieder darauf hingewiesen. PS: Daniel Oran war in den 1980ern an der Harvard University Assistent des bekannten Behaviorismus-Forschers Skinner. Bei Versuchen mit Schimpansen fand er heraus, dass der erste Schritt der wichtigste ist, alles Weitere erschließt sich dann meist von selbst. Diesen zentralen Gedanken hatte er beim Design eines Buttons, von dem aus alles Weitere ausgeht, im Hinterkopf.

156. Warum fliegen Fliegen immer um die Zimmerlampen?

a. Fliegen fliegen um Zimmerlampen, weil sie versuchen auszutüfteln, wie man das verflixte Ding abdreht, damit sie endlich schlafen gehen können.

b. Dies hängt mit der Gravitation der Glühbirne zusammen.

c. Sie sind bestrebt, einen konstanten Winkel zu einer Lichtquelle einzuhalten, die sie als fernen Orientierungspunkt interpretieren. Ändert sich der Winkel, wird er durch eine Änderung der Flugrichtung korrigiert. Sinn: In der Natur kann eine Fliege durch Seitenwind aus der geraden Flugbahn gedrängt werden. Die Sonne dient als Bezugspunkt.

157. Warum hat der Erdmond keinen eigenen Namen?

a. Der Erdmond heißt »Mond«. Das Problem liegt lediglich darin, dass man, nachdem bei anderen Planeten ebenfalls Trabanten entdeckt wurden, nach keinem neuen, allgemeinen Begriff gesucht hat, sondern den Namen unseres Trabanten zum Begriff umdefiniert hat. Ein ähnliches Problem gibt es ja auch bei der (»unseren«) Sonne, da man ja auch bei anderen Fixsternen von »Sonnen« spricht.

b. Der Mond ist Mond und heißt Mond, er ist quasi der Ur-Mond.
c. Trabant ging nicht, so heißt ja schon das Auto.
d. Das ist nur ein Schreibfehler, der heißt Edmond.

158. Wenn eine Prostituierte die Tage hat, hat sie dann Urlaub?

159. Wie sieht es aus, wenn ein Gebärdendolmetscher nuschelt?

160. Wenn ein Gebärdendolmetscher schwitzige Hände hat, spricht man dann von feuchter Aussprache?

161. In welcher Lotterie gibt es Gehör-Lose?

a. Dort wo es auch Arbeits-Lose gibt.

162. In welchem Bahnhof hält der Lungenzug?

163. Was ist eigentlich die Mehrzahl von Mehrzahl?

a. Laut Duden gibt es keinen Plural von »Mehrzahl«.

b. Wer braucht schon die Mehrzahl von »Mehrzahl«?

164. Ist Brandstiftung ein Fond zur Unterstützung der Feuerwehr?

165. Gibt es intelligente Windeln für Klugscheißer?

166. Es gibt Sonnenbrand, gibt es auch Mondbrand?

167. Wenn das letzte Wort eines Satzes eine Abkürzung ist, stehen dann dort zwei Punkte nebeneinander?

168. Heißt die Dreigroschenoper trotz Euroeinführung immer noch Dreigroschenoper?

a. Wird aus Tradition noch beibehalten; richtig müsste sie 0,22-Cent-Oper heißen.

169. Wenn wir alle von Adam und Eva abstammen, sind wir dann alle ein Produkt von Inzucht?

170. Ist eine männliche Domina ein Domino?

a. Das männliche Gegenstück zur Domina ist der Herr oder kurz Dom.
b. Ja, von mir aus; nachdem er dominant ist, kann er sich nennen, wie er will.

171. Gibt es in einem Land mit Linksverkehr auch einen Rechtsweg?

172. Auf welcher Deponie wird Datenmüll entsorgt?

a. Im »Papierkorb« von »Windows«.
b. Im »Temp-Ordner« von »Windows«.
c. »Windows« ist der Datenmüll, weil es eine Abkürzung ist und im Volltext heißt: »**W**ill **I**nstall **N**eedless **D**ata **O**n **W**hole **S**ystem«

173. Wie nennt man die Einwohner einer Verkehrsinsel?

174. Wo ist bei einem Baum hinten?

a. Gegenüber von vorne.
b. Links von rechts.

175. Wie lang ist ein Barometer?

a. 10 Hygrometer oder 100 Thermometer.
b. 10 Barometer sind 1 Voltmeter.

176. Wie schwer ist eigentlich ein Hologramm?
a. Bei gleicher Größe etwa ein Zehntel eines Pentagramms.

177. Können Vampire AIDS bekommen?

178. Wenn man früher stirbt, ist man dann länger tot?

179. Haben Menschen mit Sommersprossen im Winter Wintersprossen?

180. Können Liliputaner hoch hinaus kommen?

181. Sind Eskimos eiskalte Typen?

182. Wenn man zu dumm ist, um dumm zu sein, ist man dann gescheit?
a. So dumm kann keiner sein.

183. Warum sind Pizza-Schachteln eckig?

184. Wenn man zu einem Liliputaner sagt, dass er kleinlich ist, ist es dann eine Beleidigung?

185. Sind Miesmuscheln wirklich mies drauf?

186. Wie viele Bäume braucht man für einen Wald?

a. Ca. 1 Zehntel der Anzahl der Grashalme, die man für eine Wiese braucht.

187. Wenn Apfelkuchen aus Äpfeln besteht, woraus besteht dann Hundekuchen?

188. Können Kurzsichtige trotzdem fernsehen?

189. Warum wird im Börsenjargon ein Unterschreiten der prognostizierten Geschäftsergebnisse als »Gewinnwarnung« bezeichnet?

190. »Alkoholfreie Getränke« enthalten keinen Alkohol, was sind dann »genfreie Lebensmittel«?

191. Dürfen auf Heldenfriedhöfen auch Feiglinge begraben werden?

192. Wenn bei einem Heringsschmaus Heringe gegessen werden, was wird dann bei einem Leichenschmaus gegessen?

193. Wie heißt die Abschlussprüfung in einer Baumschule?

194. Warum drücken wir fester auf die Knöpfe der Fernbedienung, wenn wir wissen, dass die Batterien schwach sind?

195. Warum stoppt Superman Geschosse mit der Brust, duckt sich aber, wenn ein Revolver nach ihm geworfen wird?

a. Weil es für sein Image besser aussieht.

b. Weil die kugelsichere Weste unter seinem Trikot leichter zu kaschieren geht als ein Helm auf seinem Kopf.

196. Wie wichtig muss eine Person sein, um »einem Attentat zum Opfer zu fallen« und nicht einfach nur »ermordet« zu werden?

197. Wie kommt es, dass wir früher auf dem Mond gelandet sind, als auf die gute Idee zu kommen, Gepäckstücke mit Räder zu versehen?

198. Warum sagt man »Ich habe wie ein Baby geschlafen!«, wenn Kleinkinder doch ungefähr alle zwei Stunden aufwachen?

199. Wenn eine taube Person vor Gericht aussagt, ist es dann trotzdem eine »Anhörung«?

200. Warum zahlen Menschen, um auf Hochhäuser zu gelangen, und werfen dann Münzen in Ferngläser, um Dinge am Boden zu betrachten?

201. Warum verlassen Ärzte den Raum, wenn man sich auszieht; sie sehen uns später sowieso nackt?

202. Was ist ein »Gratis-Geschenk«; sind nicht alle Geschenke gratis?

203. **Gibt es eingefleischte Vegetarier?**
   a. Siehe dazu »Sind Vegetarier, die eine Fleischtomate essen, noch Vegetarier?«

204. Warum steht auf den Schildern immer »Lebensgefahr«, wenn man doch eher Gefahr läuft zu sterben?

205. Hatten Adam und Eva einen Nabel?

206. Was für Spielregeln hat das Beispiel?

207. Warum schwitzen wir, bei 36,6 Grad, wenn das die durchschnittliche Körpertemperatur ist?

a. Weil es da schon eine Affenhitze hat.

b. Unser Körper erzeugt eine Menge überschüssiger Wärme. Die muss er abführen. Kann er das nicht, steigt die Kerntemperatur schnell auf über 40 °C, und da funktionieren insbesondere im Gehirn viele Stoffwechselvorgänge nicht mehr so, wie sie sollen. Um hinreichend Wärme abgeben zu können, muss die Oberfläche der Haut auf ca. 26 °C gehalten werden. Das wird schwierig, wenn schon die Lufttemperatur höher ist. Dann hilft nur noch intensiv Wasser verdunsten.

208. Wer hat Gott erschaffen?

209. Wer schützt die Verbraucher vor den Verbraucherschützern?

210. Warum wird einem eine Pizza schneller geliefert, als ein Krankenwagen kommt?

a. Wenn die Pizza schlecht ist, dauert es immerhin noch mindestens 30 Minuten, bis Sie es merken. Was nützte es, wäre der Krankenwagen bereits da?

211. Warum gibt es einen Behindertenparkplatz vor einer Eislaufhalle?

212. Warum bestellen Menschen einen Double-Cheeseburger, eine große Portion Pommes und eine Cola light?

213. Warum können Frauen mit geschlossenem Mund keine Wimperntusche auftragen?

214. Warum gibt es Hundefutter »mit verbessertem Geschmack« und wer hat das getestet?

a. Auch der Hund freut sich über einen besseren Geschmack!
Zu testen ist das ganz einfach: Man stellt das bisherige Futter neben das neue und vergleicht die Frequenz des wedelnden Hundeschwanzes. Höhere Frequenz – besserer Geschmack.

215. Warum heißt auf einem Flughafen die Abflughalle »Terminal«?

216. Warum waschen wir unsere Handtücher; wird denn nicht angenommen, dass wir sauber sind, wenn wir uns damit abtrocknen?

217. Woran erkennt man, dass Schimmelkäse verdorben ist?

218. Was bedeutet bei einer Tankstelle an der Zapfsäule das Schild »Blasenfrei zapfen«? (Kann man auch mit Blasen zapfen?)

219. Warum gibt es Fitness-Studios mit Aufzügen bzw. Rolltreppen?

220. Wer kontrolliert einen Kontrollor?

221. Wie groß muss ein Sandstrand sein, dass er bereits eine Wüste ist?

222. Ist »Budapest« eine ungarische Geschlechtskrankheit?

223. Ist »Pomade« ein im Enddarm lebendes Insekt?

224. Wie spielt man eine »Arschgeige«?

225. Wenn mehrere Dumme hintereinander gehen, ist das dann ein »Flaschenzug«?

226. Wie viele Hände hat der »Zwölffingerdarm«?

a. Keine; sagt ja schon der Name.
b. Drei, jede mit 4 Fingern, wie bei Mickimaus.

227. Was ist das Gegenteil vom Gegenteil?

a. Das Gegenteil vom Gegenteil ist das Ausgangsteil, genau wie die Antithese zur Antithese die These ist. (Regel: Doppelte Verneinung ist einfache Bejahung).
b. Das Gegenteil von Gegenteil ist Dafürteil.
c. Das Gegenteil vom Gegenteil ist sehr gegenteilig, gegenteilige Fachreferenten sind hier gegenteiliger Ansicht, sogar ganz im Gegenteil wurde hier einvernehmlich eine gegenteilige Lösung als grundsätzlich gegensätzlich gegenteilig gefunden.
d. Da das Gegenteil von »gegen« »für« ist und das Gegenteil von »Teil« »Ganzes« ist, ist das Gegenteil von »Gegenteil« »Fürganzes«.

228. Wenn ein Grieche sagt: »Alle Griechen lügen!«, sagt er dann die Wahrheit?

229. **Wieso ist ein schlaffer Penis für den Mann ganz schön hart?**

a. Hart ist hart und weich ist weich – aber immer weich ist auch hart.

230. **Welche Farbe nimmt ein Chamäleon im Spiegelkabinett an?**

a. Wahrscheinlich nimmt es die Farbe an, mit der es reingekommen ist, weil es ja immer nur seine eigene Farbe sieht.

231. **Warum fällt das Marmeladenbrot immer auf die falsche Seite?**

a. Es liegt nicht am Brot, nicht an der Marmelade und auch nicht an Ihnen! Es liegt am Tisch. Es ist auch kein Missgeschick und auch kein Zufall, sondern eine Notwendigkeit. Das kann man statistisch belegen und es gibt hierfür eine wissenschaftliche Erklärung: Da alle Tische einer Normhöhe entsprechen und alle Toastbrote ebenfalls ähnlich groß sind, passiert Folgendes: Der Toast beginnt, wenn er vom Tisch abwärts fällt, eine Drehbewegung, und er dreht exakt so, dass er nach einer halben Umdrehung auf dem Boden landet. Der Schwerpunkt verlagert sich langsam. Dabei muss die Fallhöhe zur Größe des Gegenstandes gesehen werden. Somit ist hierbei nur eine halbe Drehung des Brotes möglich. Mit einer ganzen Drehung kann erst ab der vierfachen Fallhöhe gerechnet werden.

232. Warum trägt Mickimaus in den Comics immer weiße Handschuhe?

a. »Anfangs hatte die Maus keine Handschuhe an, erst im 6. Kinofilm – When the Cat's Away – aus 1929 sieht man sie zum ersten Mal. Wir mussten immer schneller immer mehr Filme produzieren, daher verpassten wir der Maus vier Finger und weiße Handschuhe, damit es schneller ging. Auch auf Haare und andere Einzelheiten verzichteten wir. Wenn ich mir die alten Filmbilder ansehe, dann denke ich, dass es auch künstlerische Gründe hatte, denn die dünnen schwarzen Fingerchen sahen auf der Leinwand einfach nicht gut genug aus. Die Handschuhe passten einfach auch optisch besser zu den großen Schuhen, in denen Micky, lt. Disney, aussehen sollte wie ein kleiner Junge, der in Vaters viel zu großen Schuhen herumläuft. Und außerdem: ein Mann von Welt trug damals ganz einfach Handschuhe, das gehörte sich so :-))« (Beste Grüße, die Disney-Mannschaft)

233. Wie viele PS hat ein Pferd?

a. Ein PS natürlich.

b. Historisch gesehen wurde als Pferdestärke die durchschnittliche nutzbare Dauerleistung eines Arbeitspferdes verstanden, etwa beim Antrieb einer Mühle. Tatsächlich kann ein Pferd etwa beim Galopp oder beim Springreiten kurzfristig deutlich mehr, nämlich über 20 PS leisten. 1 PS ist definiert als die Leistung, die erbracht wird, wenn eine Masse m = 75 kg auf der Erde (bei Erdbeschleunigung 9,80665 m/s²) mit einer Geschwindigkeit von 1 m/s hochgehoben wird. 1 PS = 75 kpm/s = 735,4987 W. Umgerechnet entspricht dieses etwa der Leistung eines Zugpferdes, das mit Schrittgeschwindigkeit (5,4 km/h) einen 500 kg schweren Karren eine 10-prozentige Steigung hochzieht.

234. Wenn man bei einem Haus mit rechteckigem Grundriss nur drei Wände aufstellt, hat man dann ein »einwandfreies« Haus?

235. Warum ist ein Boxring viereckig?

236. Wieso gibt's in einem Boxring neutrale »Ecken«?

237. Warum steht das Wort »Wörterbuch« im Wörterbuch?

238. Warum hat Mineralwasser, das Jahrhunderte lang durch Gebirgsmassive gesickert ist, ein Ablaufdatum?

239. Wenn man Land besitzt, erstreckt sich der Besitz bis zum Erdmittelpunkt?

240. Kann man sich die Zähne putzen, ohne gleichzeitig mit dem Hintern zu wackeln?

241. Warum bezeichnet man »Anonyme Alkoholiker« so, wenn man schon beim ersten Treffen aufsteht und sagt: »Hallo, mein Name ist Peter und ich bin Alkoholiker«?

242. Warum haben Kühlschränke eine Innenbeleuchtung, Tiefkühlschränke aber nicht?

243. Kann ein Obdachloser zu Hausarrest verurteilt werden?

244. Warum zeigen Menschen auf ihr Handgelenk, wenn sie nach der Uhrzeit fragen, aber nicht auf ihren Hintern, wenn sie nach einer Toilette fragen?

245. Wenn man versucht zu scheitern und hat Erfolg, ist man dann gescheitert oder war man erfolgreich ?
a. Man ist erfolgreich gescheitert.

246. Kann man eigentlich Heißhunger auf etwas Kaltes bekommen?

247. Zählen Handschellen zu den eisenhaltigen Abführmitteln?

248. Ist »Lattenrost« eine Geschlechtskrankheit?

249. Kann man mit einer Goldmine auch Kohle machen?

250. Wenn Hitzeschutz vor Hitze schützt und Kälteschutz vor Kälte und Lärmschutz vor Lärm – warum schützt dann Arbeitsschutz nicht vor Arbeit?

251. Wohin verschwindet die Zeit, nachdem sie vorüber ist?

a. Man bildet sich ein, sie wäre noch gegenwärtig, da man Vergangenes noch oft vor dem inneren Auge sieht ... aber eigentlich sind wir eben auf der Zeitachse weitermarschiert und sind »jetzt hier«. (Dalai-Lama)
b. Die Zeit hat dann Feierabend und geht mit der Zukunft in die Kneipe einen saufen!
c. Na, natürlich nach gestern!
d. Die Zeit, wenn sie vergangen ist, verschwindet in der Vergangenheit.
e. DIE ZEIT verschwindet bei mir ... im Altpapier.

Richtige bzw. wissenschaftlich fundierte Lösungen:

23.c	143.b
26.a	144.b
27.a	146.c, d
28.a	150.b
30.b	153.b
31.a	154.a
36.c	155.g
40.a	156.c
45.b	157.a
52.b	163.a
70.a	170.a
73.a	207.b
76.a	227.a
78.a	230.a
87.d	231.a
95.a	232.a

Erich Leisch

Geboren 1955 in Wien, Ausbildung zum Bankkaufmann, Marketingassistent, IT-Consult. Fotograf und Autor von mehreren Bildbänden und Humorbüchern. Bei Ueberreuter erschienen: »Das Lenken schwarzer Autos an Sonntagen ist verboten«